AF457538

ISBN 978-3-662-24570-5 ISBN 978-3-662-26717-2 (eBook)
DOI 10.1007/978-3-662-26717-2

Die in den Sitzungsberichten Abtlg. I und Abtlg. II der math.-nat. Klasse der Österr. Ak. d. Wiss. erscheinenden Abhandlungen werden auch einzeln abgegeben. Sie können durch jede Buchhandlung oder direkt durch die Auslieferungsstelle der Österreichischen Akademie der Wissenschaften (Wien I, Singerstraße 12) bezogen werden.

Nachfolgende Abhandlungen aus dem Fach der **Zoologie** sind erschienen:

1959 (S I Bd. 168):

Löffler Heinz: Zur Limnologie. Entomostraken- und Rotatorienfauna des Seewinkelgebietes (Burgenland, Österreich) (mit 5 Textabbildungen und 4 Tafeln). S 60.20

Remaudière Georges: Zoologisch-systematische Ergebnisse der Studienreise von H. Janetschek und W. Steiner in die spanische Sierra Nevada 1954. XI. Homoptera, Aphidoidea (mit 12 Textabbildungen). S 9.70

Schubart Otto: Zoologisch-systematische Ergebnisse der Studienreise von H. Janetschek und W. Steiner in die spanische Sierra Nevada 1954. XII. Diplopoda (mit 9 Textabbildungen). S 16.50

Schuster Reinhart: Ökologisch-faunistische Untersuchungen an den bodenbewohnenden Kleinarthropoden (speziell Oribatiden) des Salzlachengebietes im Seewinkel (mit 6 Textabbildungen). S 45.40

Steiner Walter: Zoologisch-systematische Ergebnisse der Studienreise von H. Janetschek und W. Steiner in die spanische Sierra Nevada 1954. X. Springschwänze (Collembola) (mit 5 Textabbildungen). S 12.90

Wettstein-Westersheimb Otto: Die alpinen Erdmäuse. S 10.—

1960 (S I Bd. 169):

Abel W.: Biophysikalische Gesetzmäßigkeiten am Vogelei (Das Aktivstufengesetz und Energiegesetz) (mit 20 Abbildungen, davon 2 Abbildungen auf 1 Tafel). S 60.—

Nemenz H.: Experimente zur Ionenregulation der Larve von Ephydra cinerea Jones (Dipt.) (mit 7 Textabbildungen). S 20.30

Viets O. Kurt: Kleine Sammlungen von Wassermilben (Hydrachnellae und Porohalacaridae aus Österreich (mit 9 Textabbildungen). S 17.—

1961 (S I Bd. 170):

Abel E. F., Über die Beziehungen mariner Fische zu Hartbodenstrukturen (mit 5 Textabbildungen). S 170–24, S 47.–

Eiselt Josef, Neubeschreibungen und Revision siphonostomer Cyclopoiden (Copepoda, Crust.) von der südlichen Hemisphäre nebst Bemerkungen über die Familie Artotrogidae Brady 1880 (mit 18 Textabbildungen). S 170–29, S 82.–

Gozmány L., Zoologische Ergebnisse der Mazedonienreisen Friedrich Kasys. III. Teil: Lepidoptera: Gelechiidae. Eine neue Art der Gattung Eremica (mit 1 Textabbildung). S 170–28, S 5.–

Hannemann H. J., Zoologische Ergebnisse der Mazedonienreisen Friedrich Kasys. II. Teil: Lepidoptera: Scythridae (mit 4 Textabbildungen). S 170–27, S 8.–

Petrovitz Rudolf, Zoologische Ergebnisse der Österreichischen Karakorum-Expedition 1958. II. Teil: Coleoptera: Scarabaeidae (mit 12 Textabbildungen). S 170–5, S 17.90

Starmühlner Ferdinand, Eine kleine Molluskenausbeute aus Nord- und Ostiran (mit 1 Textabbildung und 2 Tafeln). S 170–4, S 14.70

Toll Sergiusz, Zoologische Ergebnisse der Mazedonienreisen Friedrich Kasys. I. Teil: Lepidoptera: Choleophoridae (mit 54 Textabbildungen und 1 Tafel). S 170–26, S 33.–

1962 (S I Bd. 171):

Beier Max, Zoologische Studien in West-Griechenland. X. Teil. Walter Klemm, Die Gehäuseschnecken (mit 1 Kartenskizze, 2 Abbildungen und 4 Tafeln) 171–7, S 55.–

Schedl Wolfgang Ein Beitrag zur Kenntnis der Pilzübertragungsweise bei xylomycetophagen Scolytiden (Coleoptera) (mit 16 Abbildungen) 171–19, S 39.–

Anachipteria aegyptiaca n. sp.: Eine neue Art der Gattung Anachipteria Grandjean, 1932, aus Ägypten. (Acari, Oribatei)

Von M. E. Abd-el-Hamid

(Zool. Inst. der Naturwiss. Fakultät der Universität Alexandria)

Mit 16 Figuren

(Vorgelegt in der Sitzung am 6. November 1964)

Beschreibung

Diese neue Oribatidenart besitzt im Durchschnitt bei 44 Messungen eine Körperlänge von 430—470 μ und eine Breite von 312—340 μ. Somit weist diese Art innerhalb der Gattung Anachipteria eine mittlere Größe auf. Im folgenden werden die Abmessungen der mir bekannten Arten der Gattung in Micron angeführt:

Art	Länge	Breite
A. signata (Banks, 1895)	450	fehlt
A. latitectus (Berlese, 1908)	450	310
A. alpina (Schweizer, 1922)	450	320
A. deficiens Grandjean, 1932	510—570	355
A. achipteroides milleri Jacot, 1936	420—470	fehlt
A. subsimilis Mihelčič, 1956	365	230
A. major Mihelčič, 1957	612—650	460—500
A. ornata Schuster, 1958	272—300	190—198
A. kittenbergi Balogh, 1959	302	200
A. grandis Aoki, 1961	310—338	212—240

Die Individuen erscheinen nach Behandlung mit Milchsäure gelbbraun, der Körper ist ziemlich hoch, konvex und dorsal glatt, aber nicht sehr glänzend.

Das Propodosoma (Fig. 1) ist 97—104 μ lang, das Hysterosoma nahezu oval. Das Rostrum (Ro) (Fig. 3 und 4) ist ziemlich stumpf mit einem gezähnten Vorderrand, die Rostralborste (ro) relativ kurz (60 μ), dick und dornig. Die Lamellen (La) sind gut entwickelt

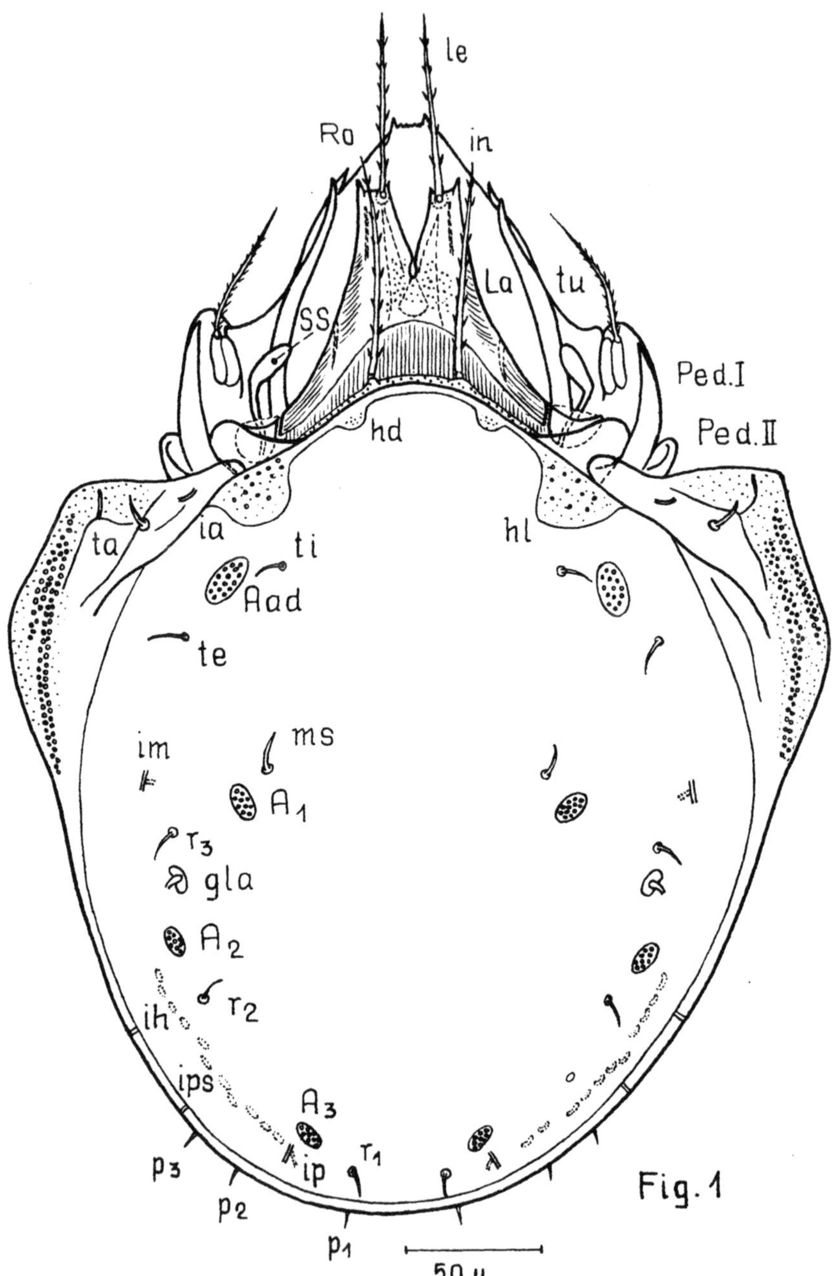

Fig. 1: *Anachipteria aegyptiaca* n. sp., Dorsalansicht.

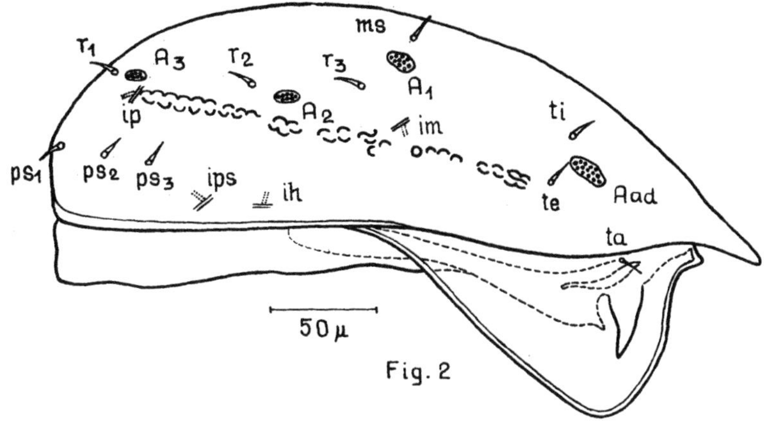

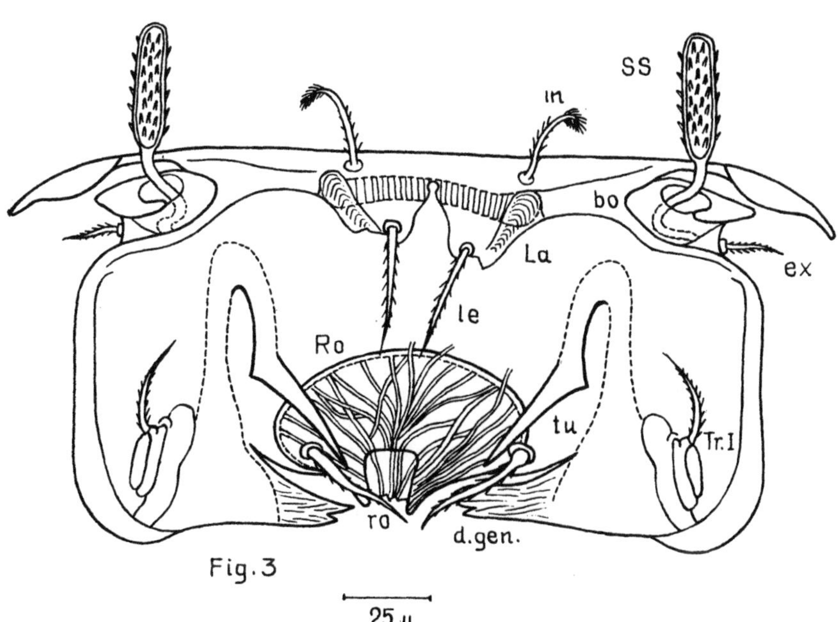

Fig. 2: *Anachipteria aegyptiaca* n. sp., Notogaster, Seitenansicht.
Fig. 3: *Anachipteria aegyptiaca* n. sp., Prodorsum, Vorderansicht.

und besitzen eine lange, nicht eingeschnittenen Cuspis und tragen ein Paar relativ lange (58,5 μ), fein bedornte Lamellarborsten (le) an ihrer Paraxialseite, antiaxial befindet sich ein zugespitzter Zahn (Fig. 7 zeigt die Variation der Lamellenspitzen). Die Lamellen sind nach unten gebogen und enden frei über dem Rostrum, die Interlamellarborste (in) ist lang (75 μ), dick und fein bedornt, beugt sich leicht nach unten und erreicht das Vorderende der Lamelle oder überragt es gerade. Das Tutorium (tu) (Fig. 3 und 4) ist in seinem angehefteten Abschnitt breit und läuft in einer Spitze aus, die sich vom Propodosoma leicht abwendet. Das Pedotectum I ist etwas größer als das Pedotectum II. Das becherförmige Bothridium (bo) neigt sich schräg nach unten und wird von einer hellen Schuppe bedeckt. Der kolbenförmige, beborstete Sensillus (SS) ist deutlich zur Mittellinie gedreht.

Der Notogaster (Fig. 1 und 2) zeigt eine nahezu ovale Umrißlinie, deren Pteromorphen zur Ventralseite gebogen sind, sie reichen distal fast bis zur Hälfte des Notogasters. Die Notogastercuticula ist leicht granuliert mit größeren Makeln an seinem Außenrand, deren Muster in den Abbildungen zu erkennen ist. Der Notogaster weist 10 Paar relativ kleine Borsten auf (Notogasterformel N: 10), ferner 5 Paar Lyrifissuren (Fig. 1 und 2), ia-Lyrifissur und ta-Borste entspringen der Pteromorphe, ih- und ips-Lyrifissuren liegen an den Notogasterseiten (Fig. 2), ein Paar Latero-abdominaldrüsen (gla) wurden vor der Area porosa A_2 gefunden.

Das Infracapitulum und die Chelicere sowie die Lage der verschiedenen Borsten auf ihnen werden in Fig. 8 bzw. 9 dargestellt. Der aus 4 Teilen zusammengesetzte Palpus (Fig. 10) hat die Borstenformel: (2—1—2—9). Das Solenidium (w) bildet mit der Anteroculminalborste (acm) ein doppeltes Horn.

Fig. 11 läßt die Lokalisation und Bezeichnung der Ventralborsten erkennen. Die Epimeren haben folgende Formel: (3—1—3—3), alle Borsten mit Ausnahme von 1c, die lang und etwas bedornt ist, sind mehr oder weniger schwach entwickelt. Die Genital- und Analplatten liegen weit voneinander getrennt, wobei die letzteren dem Hinterrand des Tieres sehr genähert sind. Die Genitalplatte (gen) trägt 6 Borsten, drei von ihnen (G_{1-3}) ordnen sich horizontal sehr nahe dem Vorderrand der Platte an, während die anderen drei Borsten (G_{4-6}) dahinter gerade in der Mitte der Platte entspringen. Die Analplatte (an) weist nur 2 Borsten auf, die vordere mehr am Außenrand, die hintere mehr am Innenrand der Platten gelegen. Es existieren 3 Paar Adanalborsten (ad $_{1-3}$): die hinteren 2 befinden sich zwischen Analplatten und Hinterrand

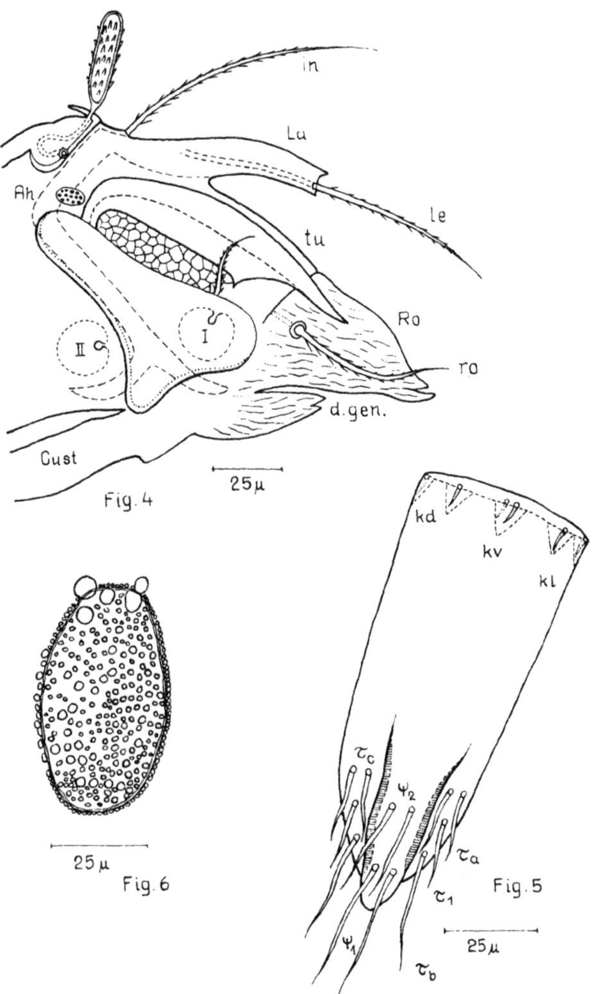

Fig. 4: *Anachipteria aegyptiaca* n. sp., Prodorsum, Seitenansicht.
Fig. 5: *Anachipteria aegyptiaca* n. sp., Ovipositor.
Fig. 6: *Anachipteria aegyptiaca* n. sp., Ei.

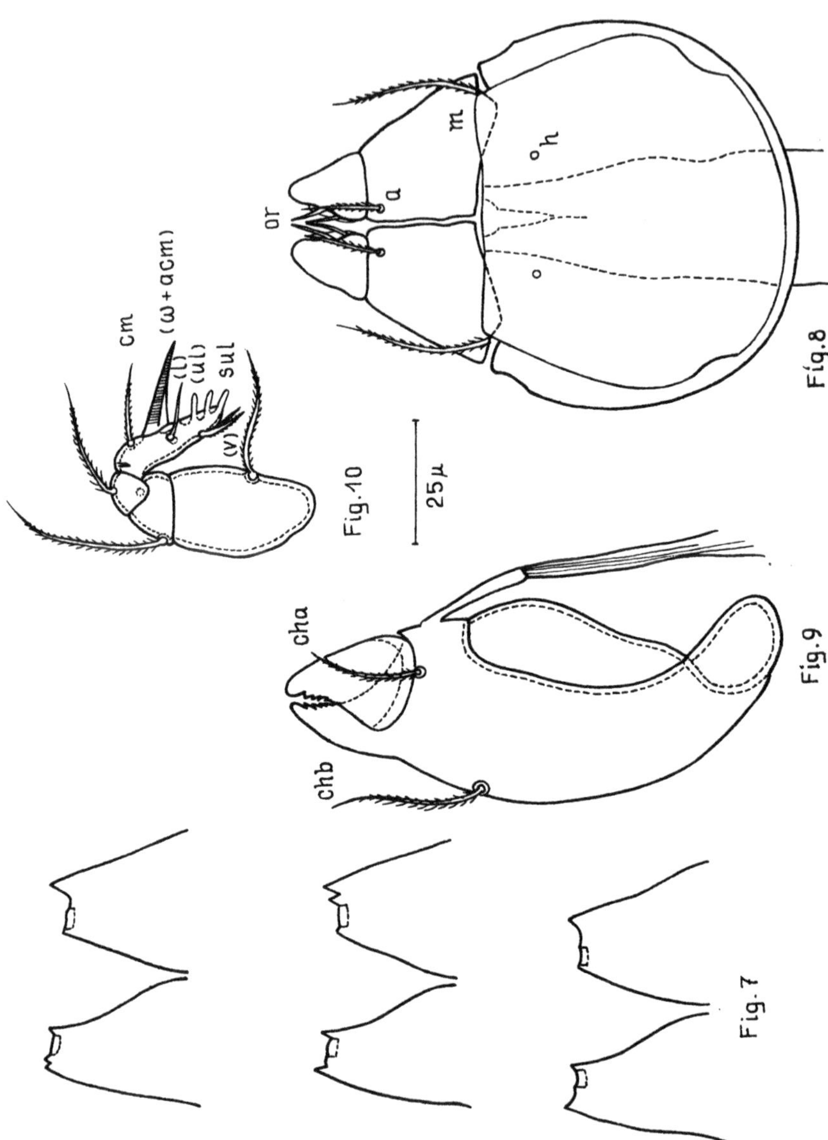

Fig. 7: *Anachipteria aegyptiaca* n. sp., Variation der Cuspides.
Fig. 8: *Anachipteria aegyptiaca* n. sp., Infracapitulum, Ventralansicht.
Fig. 9: *Anachipteria aegyptiaca* n. sp., Chelicere, Seitenansicht.
Fig. 10: *Anachipteria aegyptiaca* n. sp., Palpus, Seitenansicht.

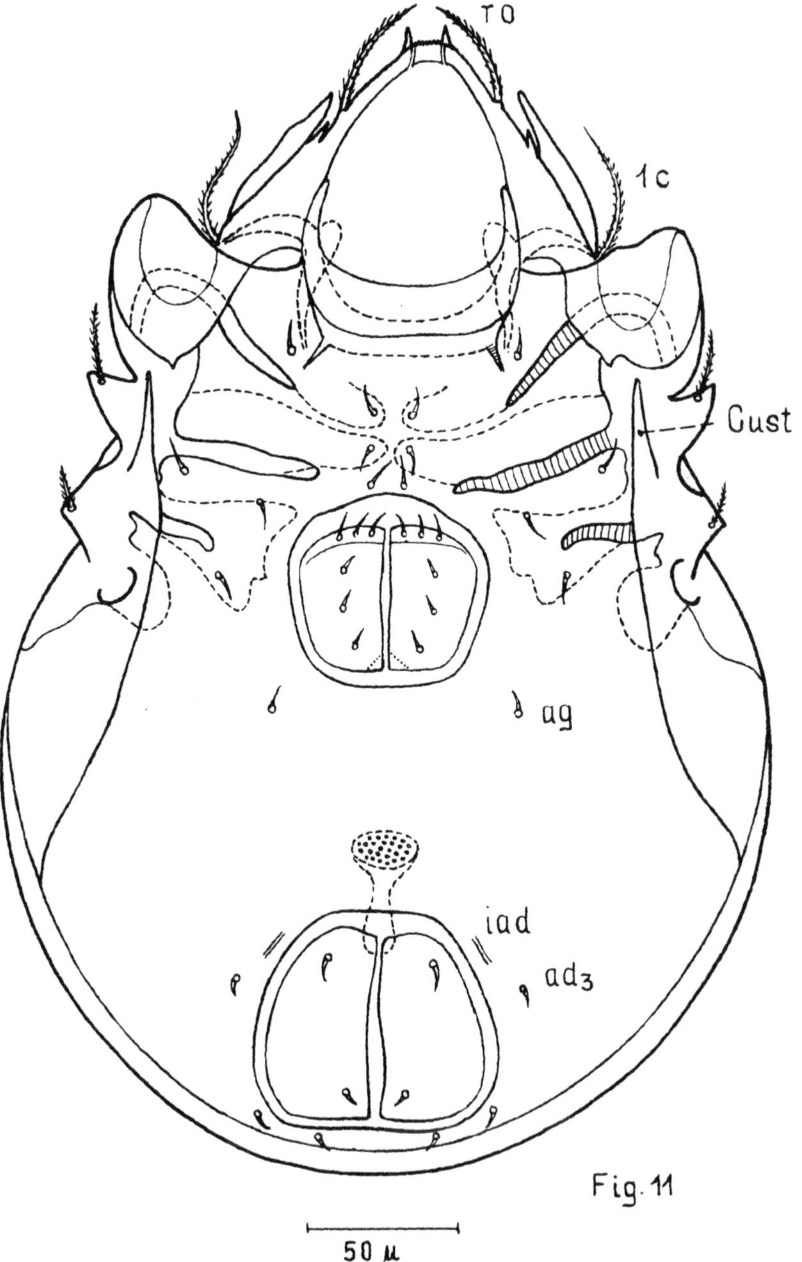

Fig. 11: *Anachipteria aegyptiaca* n. sp., Ventralansicht.

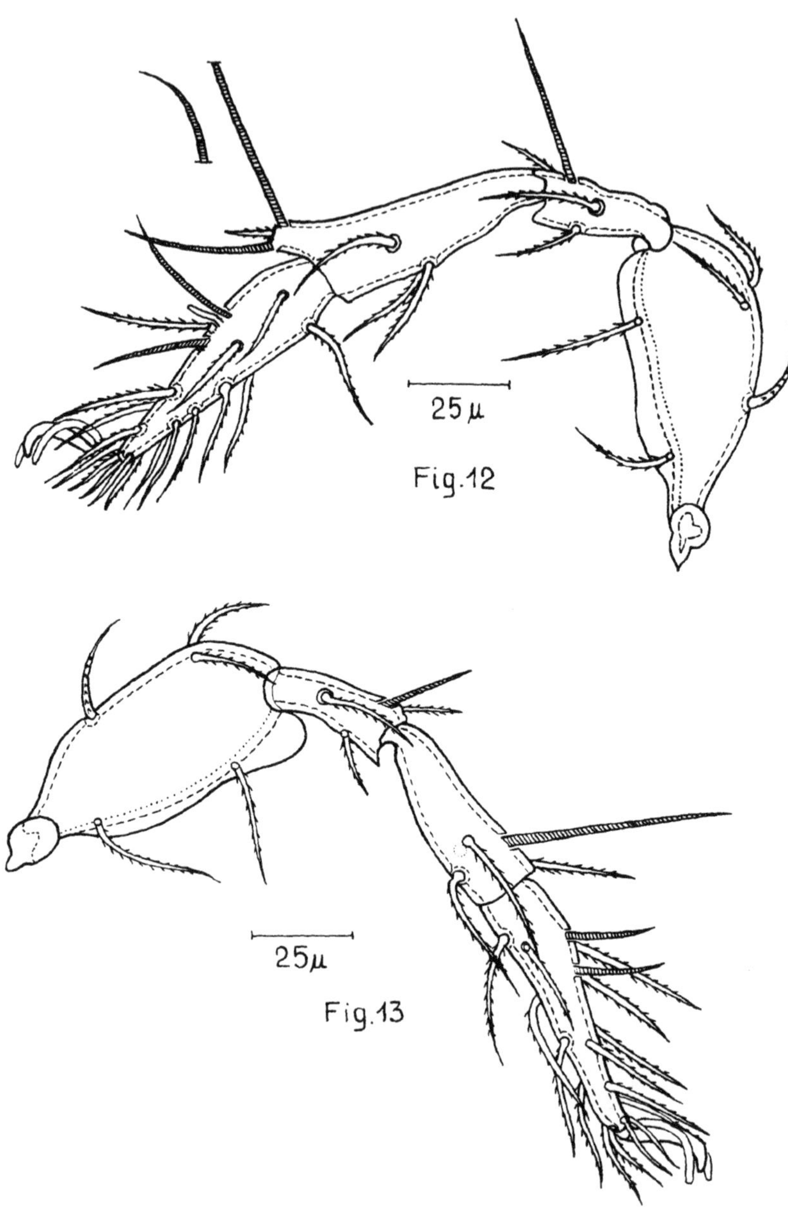

Fig. 12: *Anachipteria aegyptiaca* n. sp., Bein I, Seitenansicht.
Fig. 13: *Anachipteria aegyptiaca* n. sp., Bein II, Seitenansicht.

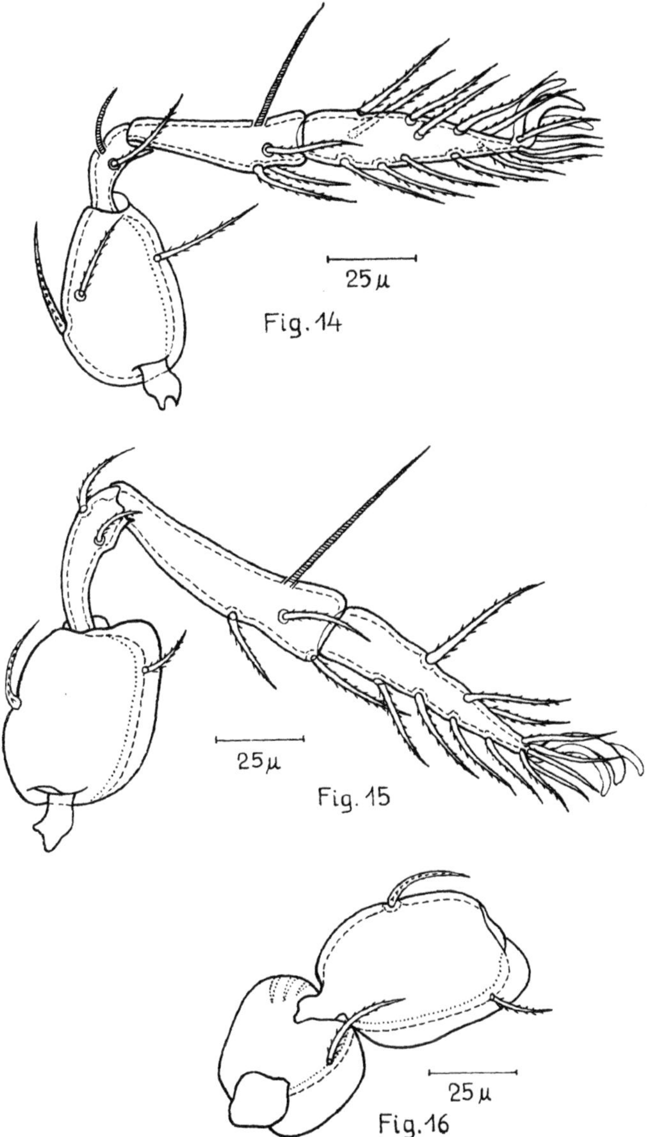

Fig. 14: *Anachipteria aegyptiaca* n. sp., Bein III, Seitenansicht.
Fig. 15: *Anachipteria aegyptiaca* n. sp., Bein IV, Seitenansicht.
Fig. 16: *Anachipteria aegyptiaca* n. sp., Trochanter und Femur von Bein IV, Seitenansicht.

des Tieres, vor ad_3 liegt etwas gegen die Mittellinie gerückt an der Analplatte die Lyrifissur iad. Das Discidium ist schwach entwickelt, in Form eines schräg nach rückwärts gerichteten Zahnes. Das Custodium (Cust) (Fig. 4 und 11) erscheint dünn. Der zarte, zugespitzte Zahn des Custodiums reicht bis zur Vorderseite des Pedotectum II. Der Ovipositor zeigt den Normaltypus (Fig. 5) mit drei Terminalloben, von denen jeder 2 Paar von Setae besitzt (Terminologie siehe Fig. 5). Kappalsetae (kv, kd und kl) existieren 6, daher hat der Ovipositor im Ganzen 18 Borsten. An Eiern wurden meistens 3—4 vorgefunden, ihre Form zeigt Fig. 6.

Die Beine sind tridactyl: die Mittelklaue ist am dicksten, die äußeren sind dünner und länger. Die gegenüber den anderen Beinabschnitten deutlich stärkeren Trochanteren (Fig. 16) tragen blattartige Anhänge. Fig. 12 bis 15 zeigen die Form und Chaetotaxie der Beine I—IV. Die Anzahl der Borsten an den verschiedenen Beinabschnitten wird in den folgenden Formeln dargelegt:

Bein I: (1—5—3—4—18—3)
Bein II: (1—5—3—4—15—3)
Bein III: (1—3—1—3—15—3)
Bein IV: (1—2—2—3—12—3)

Für die Beine gelten folgende Solenidienformeln:

Bein I: (1—2—2)
Bein II: (1—1—2)
Bein III: (1—1—0)
Bein IV: (0—1—0)

Die Gesamtlänge der Beine sowie die Abmessungen der einzelnen Abschnitte werden in Micron in der folgenden Tabelle angegeben:

	Troch.	Femur	Genu	Tibia	Tarsus	Total
Bein I:	—	65	31	70	62,5	228,5
Bein II:	—	70	31	49,5	62,5	213
Bein III:	44	54,5	26	54,5	57	236
Bein IV:	44	54,5	39	75	75	287,5

Die Abmessungen der Solenidia und des Famulus sind folgende:

	σ	φ_1		φ_2	ω_1	ω_2	ε
Bein I:	44	90	φ	26	41,5	36,5	7,5
Bein II:	31		52		18	18	—
Bein III:	15,5		31		—	—	—
Bein IV:	—		44		—	—	—

Die Subunguinalborsten am Tarsus II sind ebenso lang wie die Anterolateral- und Primiventralborsten, sie sind normalerweise spitzig.

Fundort: Ägypten, Fayoum, Kom Oschim, Schilfbestand am Ufer des Bahr Jussuf, wassergesättigte, aber nicht nasse Schilfstreu, 1. 5. 1956[1].

Diskussion

Im Laufe meiner Beschäftigung mit dem Oribatidenmaterial, das Prof. Dr. W. KÜHNELT 1956 in Ägypten gesammelt hatte, fand ich einige Oribatiden, die zuerst so aussahen, als ob sie eine neue Art der Gattung Oribatella seien. Nach einem genaueren morphologischen Studium stellte ich diese neue Art in die Gattung Anachipteria, weil sie von Oribatella in der Form des Tutoriums abwichen, das hier zugespitzt und kein flaches distal gesägtes Blättchen ist. Eine detaillierte Analyse der neuen Art regte einen Vergleich zwischen ihr und den Gattungstypen von *Anachipteria* GRANDJEAN (1932) und *Anoribatella* KUNST (1962) an (Seite 12).

Die neue Art konnte in Hinsicht auf das Vorhandensein der Areae porosae nicht in die Gattung Anoribatella gestellt werden. Trotz der verschiedenen Unterschiede, die zwischen ihr und Anachipteria bestehen, reichen diese für mich nicht aus, sie in eine neue Gattung zu stellen. Auch stand mir kein Vergleichsmaterial von Anachipteria zur Verfügung, die Beschreibungen der Gattungsvertreter in der Literatur haben sich für einen Vergleich der Feinstrukturen der Tiere als ungenügend herausgestellt. Leider fand ich in meinem Material keine Nymphenstadien. Sollten sich in der Zukunft durch eine genauere Bearbeitung der Vergleichsarten größere Unterschiede zu der neuen Art herausstellen, so muß für sie ein neues Genus erstellt werden.

Die neue Oribatide entspricht in folgenden Merkmalen der Gattung Anachipteria:

1. Der Notogaster trägt 10 Paar Borsten,
2. 4 Paar Areae porosae,
3. die Pteromorphen ohne Scharnier und nach ventral gebogen,
4. die Stellung der Lamellarborsten auf der Paraxialseite der Cuspis.

[1] Für die Überlassung des Materials und die Unterstützung, die mir bei dieser Arbeit durch Herrn Professor Kühnelt zuteil wurde, möchte ich hier meinen Dank aussprechen. Für technische und systematische Hilfe danke ich Herrn Dr. E. Piffl.

	Anachipteria deficiens GRANDJEAN, 1932	*Anoribatella ornata* (SCHUSTER, 1958)	*Anachipteria aegyptiaca* n. sp.
Rostrum (Ro)	leicht geschwungen, vorne etwas zugespitzt	bezahnt	gezähnter Rand, außen mit 2 großen Zähnen
Lamellen (La)	Cuspides nicht eingeschnitten, (le) klein, grob und an der Innenseite gelegen	Cuspides eingeschnitten, (le) im Zentrum des Einschnittes	Cuspides nicht eingeschnitten, (le) lang, dicht und nahe der Innenseite gelegen
Sensillus (SS)	zur Gänze mit kleinen Borsten versehen	am Ende dick beborstet	nur Keule mit kleinen Borsten versehen
Interlamellar Borste (in)	glatt, erreicht nahezu die Lamellarspitze	glatt, erreicht den unteren Teil des Cuspeseinschnittes	fein bedornt, reicht bis zur Lamellarspitze oder darüber hinaus
Notogaster	mit 2—3 Paar Lyrifissuren, netzartige Struktur, mit Areae porosae	mit 2—3 Paar Lyrifissuren, Cuticula fein granuliert, mit Sacculi	mit 5 Paar Lyrifissuren, mit linienförmiger Skulptur Cuticula, mit Areae porosae
Genitalplatte	G_{4-6} nahe dem Außenrand	G_{4-6} nahe dem Innenrand	G_{4-6} in der Mitte der Platte
Custodium (Cust)	nicht erwähnt	groß, erreicht Pedotectum II	nicht sehr groß, erreicht Pedotectum I
Trochanter IV	nicht erwähnt	nicht erwähnt	mit blattartigen Anhängen
Femur I	nicht erwähnt	ohne blattartige Anhänge	mit kleinen blattartigen Anhängen
Femur IV	ohne blattartige Anhänge	mit blattartigen Anhängen	mit blattartigen Anhängen
Genu I und II	mit spitzem Cuticularfortsatz	distal mit dickem Dorn	Dorn distal schwach
Genu III und IV	Genu IV lang, auf der Unterseite gewölbt	Genu IV kurz, auf der Unterseite ausgehöhlt, an beiden Genua unterseits beginnende Tendenz der Gelenkhöhlenbildung	Genu IV kurz, unterseits ausgehöhlt, Genu III und IV wie I und II, nur distal mit kleineren Dornen
Tarsus II	Subunguinalborste dicker als die anterolateralen und primiventralen, kammförmig	Subunguinalborste ebenso lang wie die anterolateralen und die primiventralen, normal bedornt	Subunguinalborste so lang wie Anterolateral- und Primiventral-Borsten, normal bedornt
Krallen	äußere kürzer als die mittlere	äußere Krallen dünn, aber fast so lang oder länger als die mittlere	äußere Krallen dünner und länger als die mittlere

Schrifttum

AOKI, J., 1961: Beschreibungen von neuen Oribatiden Japans. Jap. Journ. Appl. Entom. & Zool., 5: 64—69, fig. 6.

BALOGH, J., 1943: Magyarország páncélosatkái (Conspectus Oribateorum Hungariae). Mat. természettud. közlem. 39: 1—202, pls 1—18.

— 1959: Some Oribatid mites from Eastern Africa (Acari: Oribatidae). Acta Zool. Ac. Sci. Hung., 5 (1—2): 13—32, figs. 15—16.

— 1961: Identification keys of world Oribatid (Acari) families and genera. Acta Zool. Ac. Sci. Hung., 7: 243—344.

BANKS, N., 1895: On the Oribatoidea of the United States. Trans. Amer. Ent. Soc. 22: 1—16, p. 9.

BERLESE, A., 1908: Elenco di generi e specie nuovi di Acari. Redia 5: 1—15.

GRANDJEAN, F., 1932: Observations sur les Oribates (3e série). Bull. Mus. Hist. Nat. (2), 4: 292—306, figs 5 á 7.

— 1935: Observations sur les Oribates (27e série). Bull. Mus. Hist. Nat. (2), 4: 469—476.

— 1954: Essai de classification des Oribates (Acariens). Bull. Soc. zool. France, 78: 421—446.

— 1956: Observations sur les Oribates (33e série). Bull. Mus. Hist. Nat. (2), 28: 111—118.

— 1956: Observations sur les Oribates (36e série). Bull. Mus. Hist. Nat. (2), 8: 450—457.

JACOT, A. P., 1936: New mossmites, chiefly Midwestern. Amer. Midl. Nat., 17: 546—553, figs. 5—6.

KUNST, M., 1962: *Anoribatella* n. g., a new genus of Oribatid mites from Central-Europe. Acta Univ. Carol. Biol., Vol. 1962, No. 1, Pag.: 89—98, figs. 1—6.

MIHELČIČ, F., 1956: Oribatiden Südeuropas. IV. Zool. Anz. 156: 205—226, fig. 15.

— 1957: Milben aus Tirol und Vorarlberg. Veröff. Mus. Ferdinandeum, Innsbruck, 37: 99—120, fig. 10.

SCHUSTER, R., 1958: Beitrag zur Kenntnis der Milbenfauna (Oribatei) in pannonischen Trockenböden. Sitz. Ber. Akad. Wiss. Wien, math.-nat. Kl., Abt. I, 167. Bd., 3. und 4. Heft, fig. 2.

SCHWEIZER, J., 1922: Beitrag zur Kenntnis der terrestrischen Milbenfauna der Schweiz. Verh. Naturf. Ges. Basel, 33: 23—112, Taf. III, fig. 23.

SELLNICK, M., 1928: Formenkreis: Hornmilben, Oribatei. Die Tierwelt Mitteleuropas 3 (9): 42 pp.

— 1960: Nachtrag zu Formenkreis: Hornmilben, Oribatei. Die Tierwelt Mitteleuropas 3 (9): 45—134.

WILLMANN, C., 1930: Neue Oribatiden aus Guatemala. Zool. Anz. 88: 239—246.

— 1931: Oribatei. In DAHL, Die Tierwelt Deutschlands 22 (5): 79—200.

— 1953: Neue Milben aus den östlichen Alpen. Sitz. Ber. Österr. Akad. Wiss. Wien, math.-nat. Kl., Abt. I, 162: 449—519.

Die in den Sitzungsberichten Abtlg. I und Abtlg. II der math.-nat. Klasse der Österr. Ak. d. Wiss. erscheinenden Abhandlungen werden auch einzeln abgegeben. Sie können durch jede Buchhandlung oder direkt durch die Auslieferungsstelle der Österreichischen Akademie der Wissenschaften (Wien I, Singerstraße 12) bezogen werden.

Nachfolgende Abhandlungen aus dem Fache **Botanik** (Biologie) sind erschienen:

1957 (S I Bd. 166):

Politis J.: Über die „Tanninoplasten" oder Gerbstoffbildner der Crassulaceae (mit 2 Textabbildungen und 1 Tafel). S 6.—

Politis J.: Über einen neuen Pflanzenfarbstoff in den Blüten einiger Verbascum-Arten (mit 2 Tafeln). S 5.20

Übeleis Ilse: Osmotischer Wert, Zucker- und Harnstoffpermeabilität einiger Diatomeen (mit 1 Textabbildung). S 30.40

1958 (S I Bd. 167):

Höfler Karl: Permeabilitätsstudien an Parenchymzellen der Blattrippe von Blechnum spicant (mit 5 Textabbildungen). S 45.—

Rechinger K. H., Dulfer H. und Patzak A.: Širjaevii fragmenta astragalogica IV. S 38.10

Url Walter: Zur Wirkung der Atmungsgifte Natriumazid und Dinitrophenol auf die Permeabilität von Blechnum spicant-Zellen (mit 3 Textabbildungen). S 25.—

Wawrik Friederike: Hochgebirgs-Kleingewässer im Arlberggebiet III (mit 3 Textabbildungen und 1 Tafel). S 18.90

1959 (S I Bd. 168):

Biebl Richard: Röntgenstrahlenwirkungen auf Commelinaceenstecklinge (Total- und Partialbestrahlungen) (mit 9 Tabellen und 5 Textabbildungen). S 31.20

Höfler Karl: Über die Gollinger Kalkmoosvereine (mit 1 Textabbildung und 1 Tafel). S 34.50

Höfler Karl und Fetzmann Elsa Leonore: Algen-Kleingesellschaften des Salzlackengebietes am Neusiedler See I (mit 1 Tafel). S 21.50

Hustedt Friedrich: Die Diatomeenflora des Salzlackengebietes im österreichischen Burgenland (mit 31 Textabbildungen und 1 Tafel). S 53.90

Luhan Maria: Zur Wurzelanatomie unserer Alpenpflanzen. IV. Compositae (mit 9 Textabbildungen und 4 Tafeln). S 36.90

Pfoser Karl: Vergleichende Versuche über Verholzungsreaktionen und Fluoreszenz (mit 2 Textabbildungen und 2 Tafeln). S 18.70

Rechinger K. H., Dulfer H. und Patzak A.: Širjaevii fragmenta astragalogica. S 29.40

Wendelberger Gustav: Die Vegetation des Neusiedler See-Gebietes. S 7.20

1960 (S I Bd. 169):

Bolay Erika: Die Vitalfärbung voller Zellsäfte und ihre cytochemische Interpretation (mit einer Textabbildung und 5 Tafeln). S 49.—

Ehrendorfer F.: Neufassung der Sektion Lepto-Galium Lange und Beschreibung neuer Arten und Kombinationen (zur Phylogenie der Gattung Galium, VII). S 12.—

Franz Gertrude: Die Mikroflora einiger Standorte im Leithagebirge in ihrer Abhängigkeit von Boden und Vegetationsdecke (mit 22 Textabbildungen). S 88.—

Pruzsinszky S.: Über Trocken- und Feuchtluftresistenz des Pollens (mit 12 Abbildungen auf 6 Tafeln). S 63.40

1961 (S I Bd. 170):

Fetzmann Elsalore, Vegetationsstudien im Tanner Moor (Mühlviertel, Oberösterreich) (mit 2 Textabbildungen und 2 Tafeln). S 170–3, S 23.–

Pruzsinszky Siegfried und Url Walter, Ein Beitrag zur Desmidiaceenflora des Lungaues. S 170–1, S 9.–

Rechinger K. H., Dufler H. und Patzak A., Širjaevii fragmenta astragalogica XIII. bis XVII. Teil. S 170–2, S 56.–

1962 (S I Bd. 171):

Niklfeld Harald, Über die Pflanzengesellschaften der Fels- und Mauerspalten Südfrankreichs (mit 1 Textabbildung und 1 Falttabelle) 171–23, S 52.–

Url Walter, Permeabilitätsversuche an Stengelepidermiszellen von Gentiana germanica und Gentiana ciliata (mit 3 Textabbildungen) 171–16, S 40.–

GPSR Compliance
The European Union's (EU) General Product Safety Regulation (GPSR) is a set of rules that requires consumer products to be safe and our obligations to ensure this.

If you have any concerns about our products, you can contact us on

ProductSafety@springernature.com

In case Publisher is established outside the EU, the EU authorized representative is:

Springer Nature Customer Service Center GmbH
Europaplatz 3
69115 Heidelberg, Germany

www.ingramcontent.com/pod-product-compliance
Ingram Content Group UK Ltd.
Pitfield, Milton Keynes, MK11 3LW, UK
UKHW021926190726
13853UKWH00002B/877

9783662245705